FASHION
ILLUSTRATION
—— *Creative Drawings with iPad*

U0167082

时尚视觉盛宴
——iPad 婚纱礼服插画

彭晶 廖红 著

辽宁科学技术出版社
·沈阳·

序言

我酝酿了很久才写下这篇序言。

我出版的第一本书叫作《时尚视觉盛宴——婚纱插画》，当时倾注了我全部的心力，也总结了我多年的从业经验。我原以为，在它之后，我或许不会再有精力继续写书了。然而，近三年的居家工作，以及由此带来的沉淀与思考，促使我完成了这本新书。成书之后，我曾考虑过邀请其他老师为此书作序，然而丁安斌老师的一席话让我改变了初衷。我意识到，我是最了解这本书的人，我很明确此书的出版目的，因此我才是最能表达此书核心思想的人。于是，就有了这篇序言。

快速表现的有效方法

写这本书的初衷，是希望能为设计师或时尚插画爱好者们提供一种有效的方法，帮助他们运用绘图工具迅速地捕捉、展现自己的灵感。在经过大量的训练和教学实践之后，我总结出一套行之有效的方法来完成服装设计过程中的设计图绘制。借助 iPad 上的 Procreate 绘图软件，通过高效的 PJ 四步绘图法，可以帮助大部分设计师、学生画出品质优良的服装设计图，甚至零基础的爱好者通过练习也可以做到。PJ 四步绘图法简单、快捷、有效，但仍然需要投入一定的时间去练习。在这个过程中，你会发现这种神奇的表达方式能将你的灵感、构思转化为画面。这是我认为极为有效的设计师表达语言，也是我们在大量实践后总结的经验。

已经有很多成功案例

有许多学员已经学习过 PJ 四步绘图法，更多的设计师和时尚插画爱好者因此获益良多。设计就像是一个无限开放的游戏，每个人的生活背景、阅历、视野不同，所创造出来的东西也会有所差异。但是有效的方法能让人愉快、开心地进入下一关，设计的旅程就这样愉快地开始了……我相信，每一个潜心学习的朋友都会获益良多，采用书中的方法，抓住当下的每一个灵感，让你的职业生涯变得更加丰富多彩。

给设计爱好者的机会

我对设计这个行业充满热爱，因为设计是艺术和商业之间最好的交融。即便你是身处设计行业之外，此书中的有效方法亦能让你有机会展现自己对设计的领悟，学会用设计的眼光让表达变得简单，给灵感自由徜徉的空间，不再禁锢在不会画画的死局里。拥有很棒的设计想法但缺乏绘画技能的人有很多，科技的进步给了我们一次逆风翻盘的机会，通过学习和坚持不懈地练习，借助 Procreate 拥有了手脑并用的机会，从此在设计的世界里自由徜徉。

希望每一本书都是艺术品

我的第一本书《时尚视觉盛宴——婚纱插画》出版于 2018 年，现在来看，依然是一本很经典的婚纱礼服插画书。艺术是没有时间限制的，不会如花般凋落，不会如美人般老去，经历 6 年时光它依然让我爱不释手。此书的诞生得益于科技的进步和我的工作实践，我相信它会让读者感受到设计的魅力和艺术性。服装设计师对设计的热爱不仅仅是在面料、版型与客户喜爱之间的取舍，而是在对艺术的表达上，希望能让人看见美好，看见对艺术的表达与追求。

我的下一个人生目标就是成为一名高定设计师，以经典的黑裙诠释女性的优雅和美丽。我希望每一位穿上我的黑裙的女生，都能将裙子的设计图作为纪念珍藏，让服装之美与艺术交融，因为，热爱是一件幸福的事情，亦可传递。

希望每一位读者都能在阅读和实践中体会到时尚插画的魅力和乐趣，同时也要感谢廖红老师、我的先生王冠以及丁安斌老师的支持和教导，没有他们的帮助和支持，这本书的出版将无法成为可能。最后，我期待每一位读者都能通过这本书获得新的启示和创意，为设计世界带来更多的精彩作品。

彭晶

2023 年 9 月

CONTENTS 目录

1

第 1 章

Procreate 入门

Getting Started with Procreate

一、工具介绍

1. 准备工具

iPad

iPad 是由苹果公司于 2010 年开始发布的平板电脑系列。从外观上看，iPad
就是一个大号的 iPhone 或者 iPod touch。iPad 得益于得天独厚的 OS 操作
系统优势、封闭式系统管理，所有的 App 想获得什么权限，都由用户说了算，
并且系统本身非常干净。处理器性能强劲，保证了 iPad 的耐用性，让用户用
起来更加省心、便捷。

Apple Pencil

Apple Pencil 是苹果公司发布的智能触控笔产品。长度为 175.7 毫米，直径为 8.9 毫米，重量为 20.7 克。Apple Pencil 的压感和倾角感应使得下笔的轻重缓急都能展现在屏幕之上。拔去笔尾帽，露出 Lightning 接口，可以直接插到 iPad Pro 接口进行连接和充电，同样也可以用原装适配口进行充电操作。

类纸膜

建议刚入门的学生使用类纸膜，手感更像纸，方便绘画。类纸膜可以分为磁吸类纸膜和普通类纸膜。磁吸类纸膜依靠磁吸快速粘贴，内侧有阻尼胶带，牢固不打滑。普通类纸膜贴膜时间长的话易产生气泡，不可重复使用。

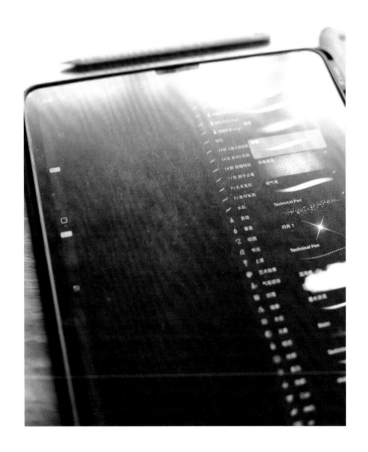

2. 了解并下载软件

Procreate 诞生于澳大利亚塔斯马尼亚州霍巴特一个郊区的空房间里，开发者的目标是为刚刚问世的 iPad 开发匹配的绘图应用软件。这个软件的开发团队是一群满是才华、全心热爱艺术的年轻人，在过去 10 余年间，Procreate 开发团队从 4 人增加到 40 多人， 但想要为艺术家带来最棒数字绘画体验的热情和初衷从未改变，越发浓烈。而我，也是在这样的情感当中，不断跟随 Procreate 的脚步与学生们一起创作了一幅又一幅作品。

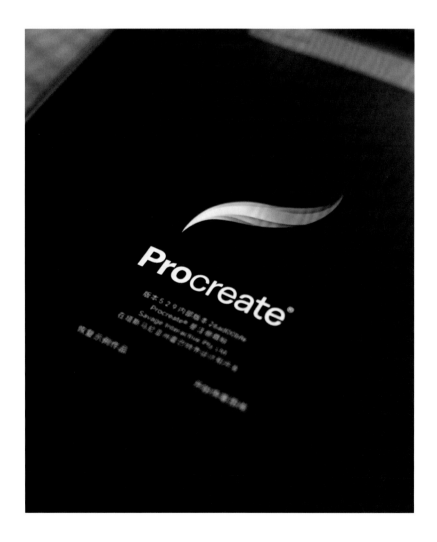

二、 Procreate 软件操作

1. 新建文件

• 点击 Procreate 可以看见最新的软件版本，点击 + 号，在新建画布中选择 A4 尺寸，选中的部分会变成蓝色。

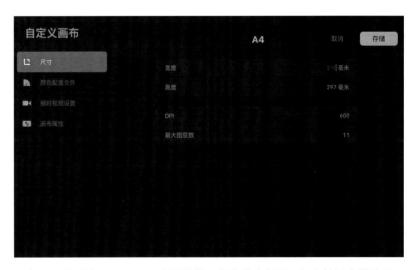

• 把 DPI 设置为 500~600，这是我常用的分辨率设置，打印效果非常清晰，而且笔触也很细腻。DPI 代表的是分辨率，也就是画面上的马赛克点，DPI 设置越高，马赛克就越小。一般打印用途的话，300DPI 就足够了。可是画图的时候经常需要放大，所以我会选择 600DPI。然后点击存储。

2. 界面介绍

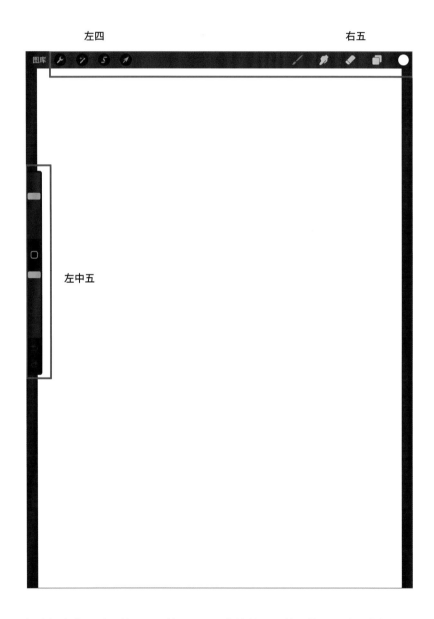

新建好文件以后，就可以开始画图了。将软件界面按照位置分成 3 个组块，分别是左四、右五、左中五，接下来分别介绍各组块的功能。

（1）左四

• 左一是操作功能。

点击操作按钮，下方有多个选项设置，在添加功能下，可进行插入文件、照片等操作。在画布功能下，可设置画布的翻转方向，查看画布的设置信息等。如有需要，也可开启动画协助、页面辅助等功能。

在分享功能下，可选择文件的导出格式，可根据用途选择具体的图片格式。如需保存分层文件，可选择 PSD 格式，如果不想保留背景，可选择 PNG 格式。强大的 Procreate 还具有视频制作功能。

偏好设置则是根据自己的绘画习惯，对界面、画笔、手势等进行个性化设计。

• 左二是调整功能，可设置色相、饱和度、亮度、颜色平衡等属性。

• 左三是选取功能，可用来选取指定区域，增加或减少选区，非常方便快捷。在绘图过程中也可以放大后勾选，选区更精准。

• 左四是变形功能，可实现移动、缩放、变形等图片编辑功能，其中等比缩放和弯曲工具都非常适合用于调整画面的整体效果。

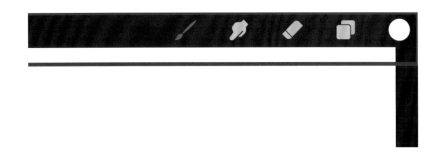

（2）右五

- 右一是画笔工具，自带的画笔笔触非常多，可以模拟各种铅笔、水笔、钢笔、毛笔的笔触，也可以定制自己的惯用笔触。

- 右二是涂抹工具，很形象的一个工具，起到柔和色彩、渲染模糊的作用。

- 右三是橡皮擦工具。

- 右四是图层工具，新建或删除图层，调整图层不透明度等，方便管理图层。

- 右五是颜色工具，下方有 5 种选色模式，选择适合自己的模式即可。

（3）左中五

- 左中一是笔刷尺寸，配合笔触调整画笔的大小。

- 左中二是取色，可以快速吸取画面颜色至调色板，而且色彩非常准确。

- 左中三是笔刷不透明度，通过上下调整控制笔刷的不透明度。

- 左中四是撤销上一步操作。

- 左中五是复原上一步操作。

3. 自定义画笔

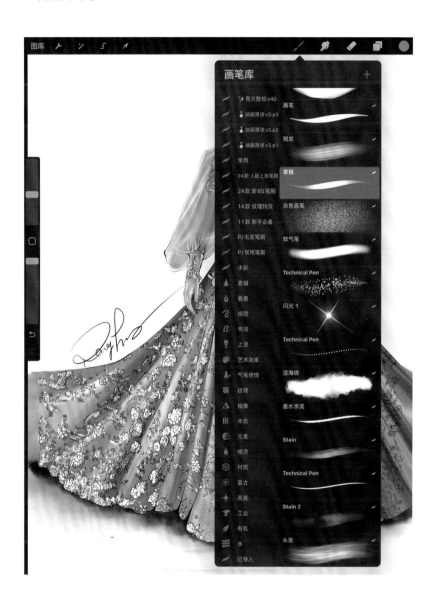

Procreate 有非常丰富的画笔库,可以逐个尝试,看看每种画笔的效果有何不同,选择喜欢的画笔使用。同时,也可以根据自己的绘画习惯自定义画笔。我们将这个常用的自定义画笔命名为 PJ 笔刷,效果很像中国画的白描,非常适合勾线。

以上就是对 Procreate 操作的介绍,多多练习熟练掌握后,就可以开始画画了。

2

第 2 章

绘制时尚插画

How To Draw Fashion Illustration

一、PJ 四步绘图法

绘制线稿

用 PJ 笔刷绘制线稿。如果不太熟练的话，可以寻找需要的参考图片，降低图片的不透明度，然后在新建图层上沿底图勾勒线稿。

1	2
	3

初步上色

确定服装、皮肤、头发的基础色，为线稿初步上色，表现出大致的色彩关系即可。因为袖子面料的关系，手臂的皮肤色彩比裸露的皮肤色彩要暗一些。

整体塑造

深入表现整体的明暗对比关系。在光源照射下，所描绘的对象会产生不同的亮度和色彩，最接近光源的部分是亮面，光源照不到的地方是暗面，亮面和暗面之间是过渡面，局部还会有高光和反光。正是这些亮面、暗面、过渡面、高光、反光塑造出描绘对象的立体感和空间感。

细节刻画

细节刻画看似简单，却是最为重要的
画龙点睛之笔。无论是色彩、光源、
材质，甚至是模特的神态气质，都要
用心观察后再呈现于画面上，这些细
节才是决定一幅作品精彩与否的重要
内容。

二、肖像的画法

这个模特虽然是侧身，但是脸转到了正面，因此在头部表现之余要注意肩部前后的透视关系。脸部按照三庭五眼的比例结构去表现即可。从发际线到眉毛，眉毛到鼻尖，鼻尖到下颌为三庭。以眼长为单位，把脸的宽度分为五等份，即为五眼。画好头部和肩部的装饰，然后填充基础色。接下来通过对亮面、过渡面、暗面的逐步刻画增强画面的立体感。最后进行细节的深入刻画，将服装质感及装饰表现出来。整体调整画面，为亮部添加高光，让暗部更有层次，画面就会变得立体而生动。

1	
2	3

三庭五眼是在正面角度下的理想面部比例，但是在实际绘画过程中，经常会呈现各种角度和透视关系，比如侧面、3/4 侧面、仰视、俯视等，这需要在三庭五眼的基础上考虑透视的变化。例如在仰视角度下，下庭在面部所占的比例是明显大于中庭和上庭的。同理，如果是在俯视的角度下，上庭在面部所占的比例是大于中庭和下庭的。这需要在平时多做观察和练习，找准绘画的角度和比例，然后按照步骤上色，塑造立体感，刻画细节即可。

1	
2	3

4

三、图案及面料材质的画法

1. 图案的画法

借助 Procreate 的强大功能，绘制对称图案是非常方便快捷的。点击操作—画布—编辑绘图指引，选择对称模式，设置不透明度为 41%，粗细度为 60%。在参考线左侧画出一半图案，右侧就会自动生成另一半图案。

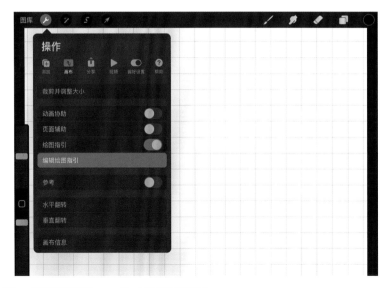

点击指引选项，选择四象限，在其中 1 个方格内绘制图案，就会在其他 3 个方格内自动生成上下左右对称的图案。

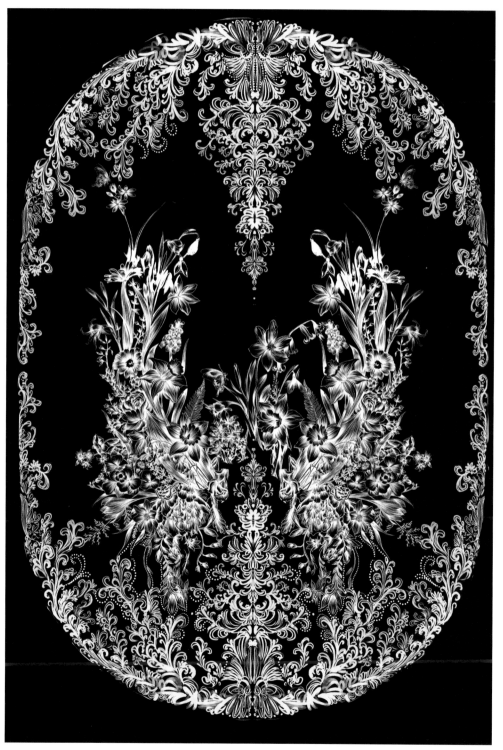

。New. PJ 2019

2. 面料材质的画法

要表现不同的面料材质，重点是表现出高光的特质。例如亮片面料有着极强的光泽，所以阴影要暗，颜色要重，才能凸显亮部的高光。而丝绒面料是亚光的，高光和阴影的对比度较低，所以高光和阴影不会形成特别强烈的明暗对比。

首先，起草勾勒出线稿，注意不同面料的线条或笔触是有差别的。例如柔软的羽毛会形成曲线线条，相对硬挺的丝绸线条会挺直一些。其次，为服装绘制底色。再次，选择深一点的颜色绘制暗部，表达整体的明暗关系。最后，加强整体的明暗对比，进行细节刻画，增加高光。

亮片面料

羽毛面料

蕾丝面料

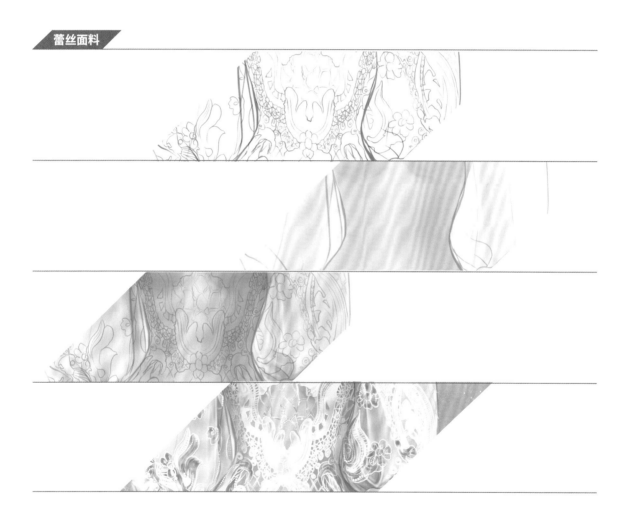

印花面料

网纱面料

水光面料

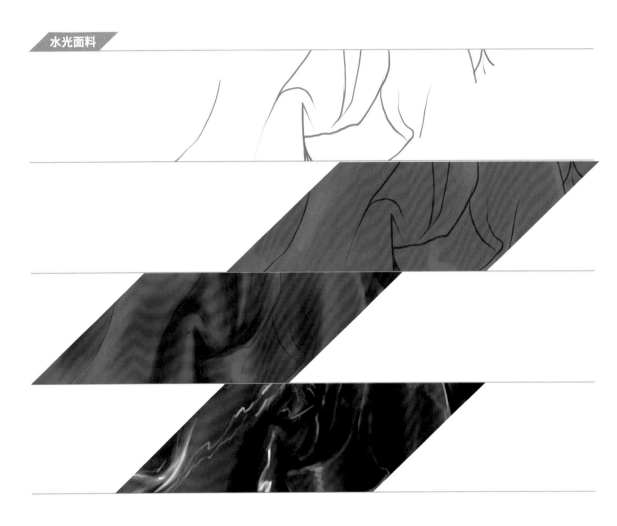

四、背景的画法

因为要突出服装的主体地位，所以时装画通常无须过于细致地表现背景，达到想要呈现的氛围感即可，可以从布局、造型、色彩、光影、场景等角度表达画面情绪。以这个作品为例，为了突出服装所呈现的温柔、浪漫之感，插画师以大型的花朵作为背景的主要元素，配色上选择了与服装形成补色关系的紫色增强了对比感，墙壁的冷色又与模特和花朵的暖色拉开了前后的空间感，丰富了画面的层次。

4

	4	
1	2	3

4

3

第 3 章

婚纱篇

Wedding Dress

1840 年，英国维多利亚女王身穿白色缎面拖尾婚纱与阿尔伯特大婚，从此开创了新娘穿白色婚纱成婚的风尚和传统。它是女性一生中最重要的服装，是爱情和婚姻的见证。

绘制线稿，注意人体、面部的比例，以及线条的虚实变化。例如人体关节处、婚纱前面比较大的垂褶的线条会相对实一些。将婚纱上的花纹勾勒出来。

1	2
	3

选定各部分的色彩初步上色，塑造基本的明暗关系。光源来自左侧，所以右侧的头发、颈下、手臂内侧以及婚纱的右侧相对更暗一些。

深入塑造画面的立体感，加重之前提到的暗部区域，并画出裙摆下的投影。在艺术作品中，白色的物体并不是纯白色的，除了本身的固有色，还会受到环境色、光源色的影响。在色彩的过渡区域添加一些偏暖的环境色，画出白色的蕾丝花纹。

进行深入的细节刻画，加强整体的明暗对比，将受光面提亮，用细长的笔触画出裙摆上的高光，表现面料的光泽感和婚纱的体积感。

4

1 | 2

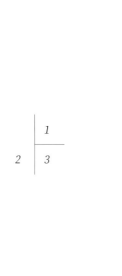

	1
2	3

4

1 | 2

4

第 4 章
礼服篇
Gown Dress

礼服是在某些重大场合或正式场合穿着的服装，代表了着装者对出席场合的重视，也有助于着装者凸显个人特质。

1 | 2
| 3

绘制线稿，注意表现礼服裙摆在行走中呈现的动态之感，以及鸵鸟毛随风起伏的线条。

初步上色，皮草的色彩是比礼服的色彩深的，但是因为皮肤的衬托，加深了礼服的固有色。

进一步塑造整体的明暗关系，让画面变得立体。皮草的体积感、礼服裙摆的层叠转折、模特的身体结构都在这一步得到加强。

这一步的作用堪比画龙点睛，会让画面变得丰富而有层次。使用光泽笔刷为模特的耳环画出闪光效果，为礼服上的亮片纹饰上色，并在受光面添加高光点缀。选取皮草的亮部色彩，画出上层受光的鸵鸟毛。为拖尾画上花纹，因为面料是带有透明度的，所以地面的投影也有透光之感。

1 | 2
   | 3

1 | 2

5

第 5 章

成衣篇

Ready-to-wear

成衣是按一定规格、号型标准批量生产的成品衣服，
与量体裁衣式的定做和自制服装是相对的概念。

1 | 2

绘制线稿，这条裙子的特点是高腰线、大裙摆，注意
表现裙摆的垂感和交叠的层次。

初步上色，我想用光影烘托一种温暖的氛围感，所以
整体的色彩是偏暗的暖调。

3 | 4

画面整体的光线较暗，高光打在模特侧脸。因为面料材质的关系，裙摆上有一些反光，也呈现偏暖的色调。和婚纱的白色是一个原理，黑色并不仅仅是纯黑，也有亮面、暗面、过渡面的区别，借此塑造体感。

对细节进一步刻画，让面部更立体，为裙子加上小花图案，注意图案在裙摆上产生的形变。

第 6 章

中式服饰篇

Chinese Style

中国古代的传统服饰与配饰体系是以华夏礼仪文化为基础的，随着近些年公众的文化自信意识的提升，我们看到越来越多的中式服饰回归日常生活。

1

2

绘制人物的线稿，注意笔触的虚实变化和人物的神态。头发及头饰可分组块刻画。

铺上一层浅浅的底色，配色上可选择具有中国风格的色彩。颜色最深的是唇部，眼睛周围也有淡淡的粉色。

为配饰上色。观察画面整体的明暗关系并将其在画面
上表现出来，如头发的暗部、垂眸之下的阴影、颈部
的阴影、手心的阴影、袖口的阴影、领口的阴影等。
每一个结构都可以通过明暗关系变得立体。

绘制发丝的纹理，服装以及扇子上的纹样，为画面添
加高光点缀。

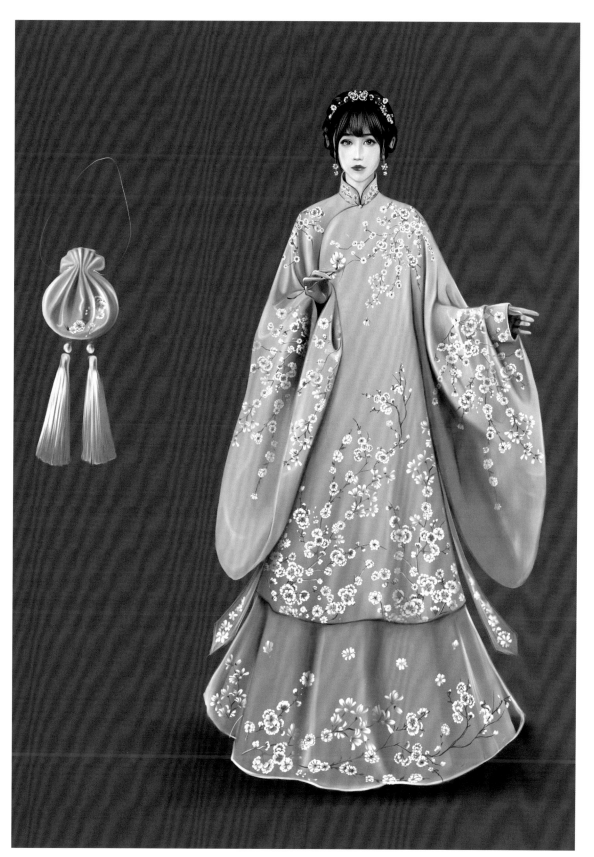

图书在版编目（CIP）数据

时尚视觉盛宴：iPad婚纱礼服插画 / 彭晶，廖红著．—
沈阳：辽宁科学技术出版社，2024.1
ISBN 978-7-5591-3271-0

Ⅰ．①时… Ⅱ．①彭… ②廖… Ⅲ．①结婚－服装设
计－插图（绘画）－计算机辅助设计 Ⅳ．① TS941.714-39

中国国家版本馆 CIP 数据核字（2023）第 197329 号

出版发行：辽宁科学技术出版社
　　　　　（地址：沈阳市和平区十一纬路 25 号　邮编：110003）
印　刷　者：沈阳市昌达印刷有限公司
经　销　者：各地新华书店
幅面尺寸：185mm×260mm
印　　张：10
字　　数：200 千字
出版时间：2024 年 1 月第 1 版
印刷时间：2024 年 1 月第 1 次印刷
责任编辑：王丽颖
封面设计：何　萍
版式设计：何　萍
责任校对：韩欣桐

书　　号：ISBN 978-7-5591-3271-0
定　　价：98.00 元

联系电话：024-23284360
邮购热线：024-23284502
E-mail: wly45@126.com
http://www.lnkj.com.cn